我的第一本极地世界有多冷

成都地图出版社　编著

成都地图出版社

目 录

致小读者

　　亲爱的小朋友，你知道陆地上最大的食肉动物——北极熊为什么不吃企鹅吗？

　　那是因为北极熊生活在北极地区，企鹅生活在南极地区，彼此见不着面，北极熊当然就吃不着企鹅啦！

　　这里所说的北极地区和南极地区，就是我们今天要去的极地啦！

　　极地到底有多冷？除了北极熊和企鹅，还有哪些可爱的精灵生活在这儿呢？极地有人类居住吗？极地又有哪些矿产深埋地下？人类活动对极地的生态环境又会产生哪些影响呢？

　　带着这些疑问，跟随丁丁猫来一趟极地之旅吧！或许能解开你心中所有的疑问，也能带给你对人类命运共同体更深的理解与感悟。

嗨，小朋友，我是丁丁猫，这次我们要去地球上最冷的地方，准备好了吗？

北极 在哪里

北极地区是指北纬 66° 34'（北极圈）以北的广大区域。这里是一个几乎被陆地包围起来的海域，这个海域被称为北冰洋，终年覆盖着厚厚的冰层。北极地区有不少岛屿，世界最大的格陵兰岛就在这里。

因纽特人

格陵兰岛

大

西

洋

丹麦海峡

冰岛

格 陵 兰 海

北冰洋是世界上最小、深度最浅的大洋。

北极

南森海盆

"北极星号"

黄河科考站（中）

斯瓦尔巴群岛

斯匹次卑尔根岛

70°

80°

90°

60°

巴芬岛

巴 芬 湾

布西亚

伊丽莎白女王

北 冰

30°

萨米人

挪

威

海

大不列颠岛 60°

北海

波的尼亚湾

圣诞老人

"列宁号"破冰船（俄）

巴伦支海

新地岛

喀 拉 海

亚马尔半岛

泰梅尔

波罗的海

白海

北极圈

亚洲

鄂毕河

叶尼塞河

0°

2

30°

60°

90°

人类对南北极的早期认识

研究表明，北极圈首先是由古希腊人确定出来的。毕达哥拉斯认为，大地只有呈球形才是完美的，才能符合"宇宙和谐"与"数"的需要。亚里士多德则进一步考虑与北半球的大片陆地相平衡，南半球应当有一块大陆（即南极洲），为了避免地球"头重脚轻"，造成大头（北极）朝下的难堪局面，北极点一带应当是一片比较轻的海洋。

北极

站在北极点，真的是找不到北了！

南极

你若站在极点上，还能指出东西南北四个方向吗？

北 美 洲　大奴湖
大熊湖
120°
维多利亚岛
群岛

80°

"叶尔马克号"（俄）

"雪龙号"（中）

CHINARE

新西伯利亚群岛

拉普捷夫海

70°

楚科奇海　白令海峡

布里斯托尔湾

太

150°

60°

白

令

海

180°

邮轮

地理小科普
北极知识集锦

北冰洋面积：1310 万平方千米

深度：平均深度约 1225 米，南森海盆最深处达 5449 米，为北冰洋最深点

浮冰最大覆盖期：3 月（87%）

浮冰最小覆盖期：9 月（50%）

最厚的冰层：1300 余米

浮冰科考站最长漂流时间：1442 天

浮冰科考站最长漂流距离：8650 千米

主要矿产：石油、天然气、锰结核

最大岛屿：格陵兰岛（约 217 万平方千米），也是世界第一大岛

主要居民：因纽特人

主要动植物：北极熊、海象、海豹；苔藓、地衣

资源：北冰洋的边缘海区域鱼类资源丰富，巴伦支海、挪威海和格陵兰海是著名渔场

茨人

洲　伊　河
柳　勒
维　拿
河　河

海

120°

鄂

次

霍

克

洋

150°

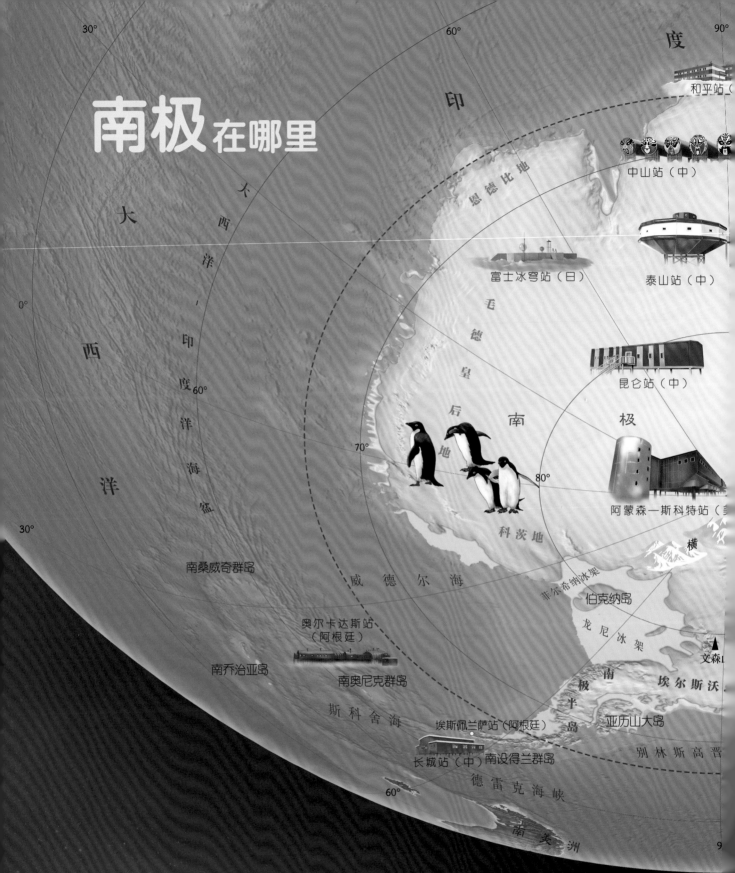

南极在哪里

和平站

中山站（中）

恩德比地

泰山站（中）

富士冰穹站（日）

昆仑站（中）

毛德皇后地

南极

阿蒙森—斯科特站（美

科茨地

横

南桑威奇群岛

威德尔海

菲尔希纳冰架

伯克纳岛

龙尼冰架

奥尔卡达斯站
（阿根廷）

文森

南乔治亚岛

南奥尼克群岛

极 南
埃尔斯沃

斯科舍海

亚历山大岛

埃斯佩兰萨站（阿根廷）

别林斯高晋

长城站（中）南设得兰群岛

德雷克海峡

南美洲

南极地区是指南纬66°34'（南极圈）以南的广大区域。南极洲是人类最晚发现的一块大陆，是地球上纬度最高的一块大陆，也是唯一没有土著居民居住的大陆。由于极地气候的严寒，南极大陆98%以上地区都覆盖着厚厚的冰层。

南极是一块未受人类污染的净土，是世界科学界瞩目的圣地。许多国家在这里建立了科学考察站。

120°

南印度洋海盆

东南印度洋海丘

克尔顿冰架

洋

威 尔 克 斯 地

迪蒙·迪维尔站（法）

奥克兰群岛

太

大 洋 洲

180°

方站（俄）

扬岛
巴勒尼群岛

斯特奇岛

平

安迪波迪斯群岛

脉 维 多 利 亚 地

山 埃里伯斯火山

60°

麦克默多站（美）罗斯岛

70° 斯科特岛

洋

罗斯福岛
鲸湾

80°

斯
罗 斯 海

罗
斯
冰
架

地理小科普

南极知识集锦

最高点：文森山（5140 米）

最低点：本特利冰川下沟谷（−2538 米）

绝对最高气温：2020 年 2 月 6 日，在南极半岛的埃斯佩兰萨站测得 18.3℃

绝对最低气温：1983 年 7 月 21 日，在苏联的东方站观测得 −89.2℃

与各洲的距离：距离南美洲 970 千米；距离澳大利亚 3500 千米；距离非洲 4000 千米；距离亚洲、欧洲、北美洲均在 1 万千米以上（距离中国的北京约有 1.2 万千米）

南极洲面积：1400 万平方千米（其中南极大陆面积 1239 万平方千米，岛屿面积约 7.6 万平方千米，另有约 158.2 万平方千米的冰架）

最大风速：327 千米 / 小时

冰层平均厚度：约 2160 米

主要矿产：煤、石油、天然气和金刚石等 200 多种；铁矿储量为世界之最，有"铁山"之称，可供开发利用 200 多年

主要动植物：南极磷虾、企鹅、海豹、鲸；地衣、苔藓、蓝藻

150°

伯德地

阿蒙森海

顿岛

120°

南极圈

　　环绕南极大陆的海洋有时被称作南大洋、南极洋。南大洋包括太平洋、大西洋和印度洋的南部海域。从某种意义上说，环绕南极大陆的海洋与北冰洋相对，它围绕在南极大陆这片地球上平均海拔最高、最冷、最宽广也最荒芜的大陆周围。而位于地球另一端的北冰洋，则被欧洲大陆、亚洲大陆、北美洲大陆包围着。

冰天雪地

北极和南极给人的第一印象是像童话般的冰雪世界。由于南北两极位于地球的两端，纬度高，太阳光照射少，温度非常低，所以这里到处都是冰川，是真正的冰雪王国呢！

地球表面三分陆地、七分海洋。既然如此，为什么有些地方还缺水呢？那是因为海水是咸的，不能直接饮用。而我们说水是生命之源时指的是淡水。淡水虽能再生，但由于环境污染，淡水资源也越来越少。极地虽然拥有非常丰富的淡水资源，但这些淡水资源怎样被人类所利用，越来越受到人们的关注。

人类最大的淡水资源宝库

地球上大部分的淡水资源都以冰川的形式储存在南极地区。据估算，南极地区储存的淡水总量可以供人类使用 7000 多年。南极地区的淡水几乎没有受到任何污染，因此，南极是人类最大的淡水资源宝库。

全球水陆面积比较

海洋 71%

陆地 29%

全球水资源分布

咸水（海洋）97%　淡水 3%

全球淡水资源分布

其他 20%

南极淡水 80%

冰盖

南极大陆广袤的土地，绝大部分都被厚厚的冰雪覆盖，这种大面积的不融化的冰雪覆盖被统称为"冰盖"。这就好像在南极大陆上面盖了一层厚厚的常年不化的"冰被子"。

冰川

冰川是一种巨大的流动固体，是在高寒地区由雪再结晶聚积而成的。冰川自两极至赤道带的高山都有分布，它是地球上最大的淡水资源，也是地球上除海洋之外最大的天然水库。

冰芯

冰芯是钻取自冰川内部的芯。南极气温低，降落的雪常年不融化，积雪每一年形成的沉积物体，年复一年地层层挤压，从而形成了冰芯。到目前为止，最古老的连续冰芯来自大约 100 万年以前，从冰芯的各种条纹中，科学家可以推断冰层形成时的环境和大气条件。

冰裂缝

南极大陆的冰盖上常常出现许多深浅不一的裂缝，这就是冰裂缝。南极科考队员和探险家们称其为"地狱之门"。因为裂缝上常常覆盖有积雪，人们不容易发现，一旦经过，常常车毁人亡。

冰架

冰架是指陆地冰或与大陆架相连的冰体延伸到海洋的那部分。大的冰架可达数十万平方千米。冰架前缘崩解后所形成的就是冰山。两极地区是冰架最为集中的地区。冰架崩解是一种自然现象。

想一想

科考队员怎样应对冰裂缝威胁

冰裂缝给南极科考队员和探险家们带来了死亡威胁。为了保证自身安全，科考队员们想出了许多办法。

1. 科考队员进入南极都要接受严格的冰山行进和救援训练。

2. 出发前，合理规划路线，避开冰裂缝多发区。

3. 选择乘坐雪地车时，需用绳索将车连起来行进。

4. 在雪中步行时，科考队员之间都是用绳索连在一起结伴前进，且后面的科考队员都是沿着前面队员的脚印前进。

5. 尽量避免单独出行。

冰架崩解

地理小科普

雪盲症

在冰天雪地中，到达地面的阳光基本上都被雪地反射出去了。人如果直视雪地几乎等同于直视阳光，眼睛会受到极大的伤害。在冰川积雪地区活动的人，如若忘记戴墨镜，就容易被积雪的反光刺痛眼睛，甚至暂时失明。医学上把这种现象叫作"雪盲症"。

该怎样避免雪盲症呢？首先，不要在雪地逗留太久；其次，外出时要佩戴专业的防护镜。一旦患了雪盲症，应尽快就医，不要揉搓眼睛，以免发生感染。患了雪盲症也不必过度惊慌，一般就医后 2~3 天就能恢复了。

冰山一角

冰山

　　冰山是指从冰川或极地冰盖临海一端破裂落入海中自由漂浮的大块淡水冰。每年仅从格陵兰西部冰川产生的冰山就有约1万座之多。著名的泰坦尼克号游轮就是撞击到冰山而沉没的。

地理小科普
全球变暖与冰川融化

　　近年来，随着社会经济的发展，人类向自然界排放的温室气体越来越多，进一步加剧了全球变暖。全球变暖对我们生活的影响也许不太明显，但在南北极地区，全球变暖的影响却非常突出。冰川融化，海冰消融，这些都使得极地地区的动物面临严峻的生存考验。

　　据计算，如果南极地区的冰层全部融化，全世界的海平面将上涨66米，全球绝大多数沿海地区都将被海水淹没。

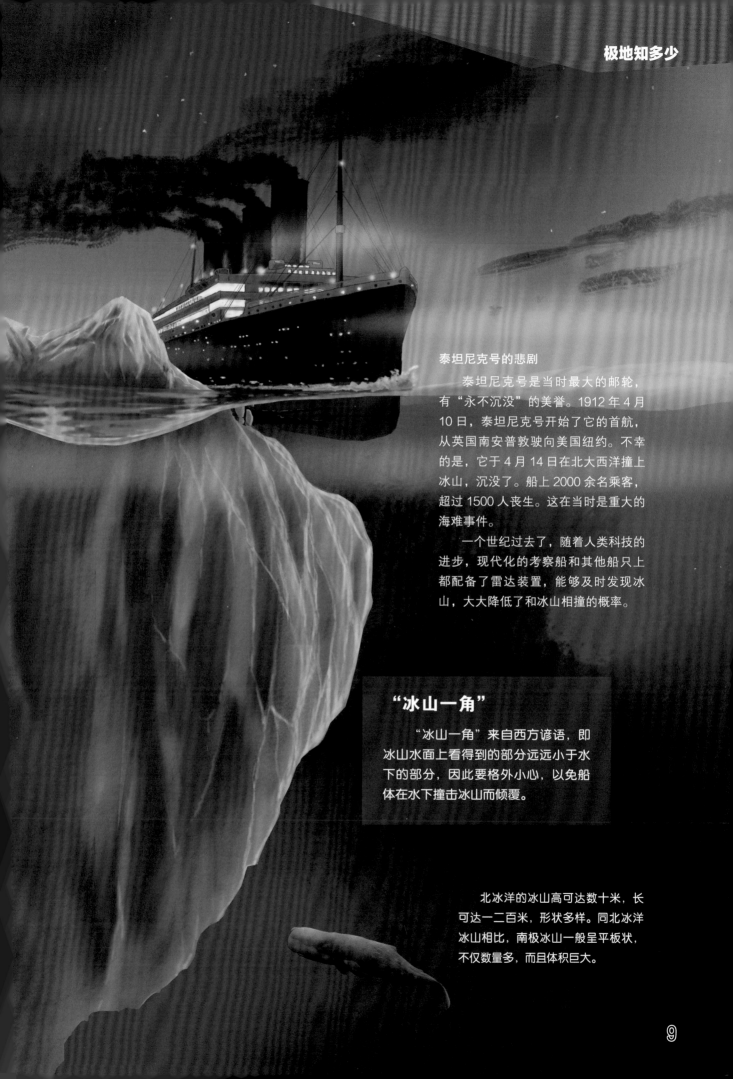

泰坦尼克号的悲剧

　　泰坦尼克号是当时最大的邮轮，有"永不沉没"的美誉。1912 年 4 月 10 日，泰坦尼克号开始了它的首航，从英国南安普敦驶向美国纽约。不幸的是，它于 4 月 14 日在北大西洋撞上冰山，沉没了。船上 2000 余名乘客，超过 1500 人丧生。这在当时是重大的海难事件。

　　一个世纪过去了，随着人类科技的进步，现代化的考察船和其他船只上都配备了雷达装置，能够及时发现冰山，大大降低了和冰山相撞的概率。

"冰山一角"

　　"冰山一角"来自西方谚语，即冰山水面上看得到的部分远远小于水下的部分，因此要格外小心，以免船体在水下撞击冰山而倾覆。

　　北冰洋的冰山高可达数十米，长可达一二百米，形状多样。同北冰洋冰山相比，南极冰山一般呈平板状，不仅数量多，而且体积巨大。

极地到底有多冷

由于特殊的地理位置，地球两极接受的太阳辐射较少，获得的热量也相对较少。同时，两极由于冰雪覆盖，反射率高，导致热量不能在地面累积储存，加上两极上空的二氧化碳、水汽等含量少，保暖效应差等原因导致极地很寒冷。

极地到底有多冷呢？以南极大陆为例，大陆的年平均气温为 -25℃，内陆的年平均气温则为 -50~-40℃，东南极高原地区最为寒冷，年平均气温低达 -53℃。南极是世界上最冷的地方，也是风力最强劲、风暴最频繁的地方，被称为"暴风雪的故乡"。

（℃）

30

20~26℃
最适宜人类生活的温度，让人体最舒服的温度。

20

10

0 **0℃**
水结冰的温度点。

-10

-20

-30 **-25℃**
钢变得很脆且易碎。

-40

-50 **-50℃**
南极内陆地区平均气温，合成橡胶变脆且易碎。

-60

-70
东方站

-80

-89.2℃

-90
1983 年 7 月 21 日，东方站测得 -89.2℃的世界最低气温记录（有消息称美国 2010 年 8 月记录的最低温度为 -93.2℃）。

▼想一想

为什么南极比北极更冷呢

大众印象中，南北极都是很酷寒的地区，但若要说到最冷的地区，当然非南极莫属了。这是为什么呢？

1. 北极是一片海洋，即北冰洋，南极是一片大陆，即南极洲。海水的比热容比陆地大，所以海水能吸收更多的热。

2. 南极洲的平均海拔是 2350 米，是地球上平均海拔最高的大洲。如此高海拔，空气稀薄的地方气温更低。

3. 南极大陆终年被冰雪覆盖，冰雪对阳光的反射很强，所以地面吸收的热量很少。

帝企鹅是唯一一种在南极内陆过冬的企鹅。帝企鹅幼仔崽的皮下脂肪不及成年企鹅的厚，所以幼崽们要紧紧靠在一起取暖，抵御严寒。

南极风的形成

南极大陆的冰盖中间隆起较厚，四周倾斜较薄，中心与沿海地区之间形成了陡坡地形。由于大陆温度低，附近的空气迅速冷却收缩而变重，密度增大，变重的冷空气就沿着南极高原光滑的表面向四周俯冲至沿海地区，因地势骤然下降，冷空气下滑加速，就产生了强劲、快速的"下降风"。

南极下降风形成示意图

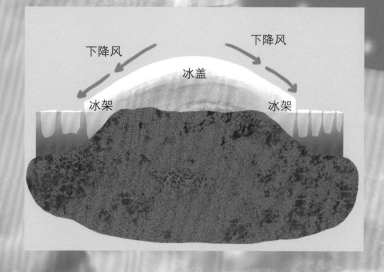

极地动物的生存绝技

地球上的每个物种都有自己的生存之道，极地地区的动物们也有自己的独门绝招哦。比如，北极地区的北极狐、北极兔、北极熊等，它们主要是靠浓密的绒毛和摄取足够多的热量来保持温度，北极燕鸥则是在冬天迁徙到南极地区；南极地区的企鹅们则是在自己身上储存厚厚的脂肪来抵御严寒。

极光是什么

　　极光是由于太阳带电粒子流（太阳风）进入地球磁场，并与地球大气层中原子碰撞而产生的发光现象。在地球南北两极附近地区的高空常常出现，是地球上最壮观的自然景观之一。在南极被称为南极光，在北极被称为北极光。极光以绿、黄、蓝、白色居多，偶尔也有鲜艳的紫红色出现。极光不只在地球上出现，在太阳系内的其他一些具有磁场的行星上也有。

极光的产生

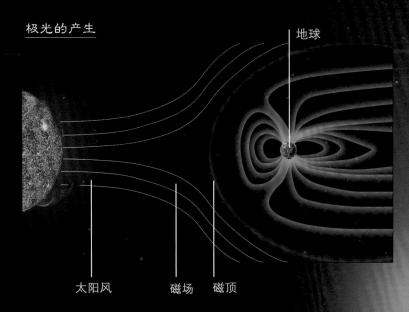

地球

太阳风　　磁场　磁顶

地球的两极附近有磁极，磁极在吸引太阳射出的强大的电子流时，会发生猛烈的碰撞，从而产生极光。

极光产生的条件有三个：大气、磁场、高能带电粒子。这三者缺一不可。

美丽而危险的极光

　　极光虽然美丽，但是它在地球大气层中常常搅乱无线电和雷达的信号。此外，极光还会使输电线等导体产生强大的电流，严重影响输电安全，可导致某地区用电暂时中断。

从理论上说，北极光虽然一年四季都有可能出现，但是在每年的夏季，尤其在夏至前后最容易被看到。

极光从形态上大体可分为五种：

1. 底边整齐微微弯曲的弧状极光
2. 弯来弯去的带状极光
3. 如云朵般的片状极光
4. 如帘幕状的极光幔
5. 放射状的极光冕

极昼与极夜

　　在地球的两极，常常是半年的时间处于极昼，半年的时间处于极夜。当极昼发生时，也就是 24 小时都是白天，太阳高高挂在天空中，温度也相对较高，人们通常会选择此时进行科学考察或者旅游。相反，极夜发生时，到处漆黑一片，没有光照，温度也比较低，不利于科学考察或旅游。

　　极昼与极夜的形成，是因为地球一直斜着绕太阳公转。也就是说，地球在自转时的地轴与其垂线形成一个约 23.5° 的角，因而有 6 个月时间两极之中总有一极朝向太阳，而另一极背向太阳。

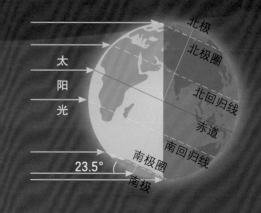

北极生灵地图

北极地区的动物除了我们熟知的北极熊外，还有北极狼、北极狐、北极兔等，海洋中分布有海豹、白鲸、一角鲸等。

北极地区的植物有落叶松，地衣、苔藓以及上千种花草。夏季，北极地区的沼泽算得上是色彩斑斓，非常漂亮。

冠海豹

成年雄冠海豹长着膨胀的头骨冠和鼻球，当它被激怒时才会有这样的特征出现。

厚嘴海鸦

厚嘴海鸦形似企鹅，擅长游泳，所以又被称为"北极企鹅"。

西

北极海鹦

格陵兰鲨

白鲸

白鲸是"海中金丝雀"，其声音悠扬动听，令人惊叹。

北极熊

北极熊是陆地上最大的食肉动物，直立时最高达 3.3 米，雄性成年北极熊体重为 300~800 千克。

竖琴海豹（幼崽）

北

洋

北极旅鼠

当种群数量过大或食物短缺时，北极旅鼠会结伴自杀。

一角鲸（独角鲸）

一角鲸因脑袋上那根长长的牙呈螺旋状，长得像角而得名，是北极特有的物种之一。

驯鹿

驯鹿，性情温和，易饲养放牧，以苔藓等野生植物为食。

北极狐

北极狐，又名蓝狐或白狐。它们体型不大，但善于集体作战，牙齿锋利，听觉敏锐，是捕食旅鼠的高手，甚至能杀死比自己大的动物，如麝牛。它们也是犬科中唯一随着季节变化而改变毛色的动物。

狼獾（貂熊）

狼獾属于鼬科动物，外表像只小熊，加了条像貂一样的尾巴，所以有些地方称它为貂熊。它体型不大，但却十分凶猛，通常会捕杀比自己大的动物，如驯鹿。

北极狼（白狼）

北极狼生活在世界最荒凉的地区，极富耐力，可忍受数周不进食。

雷鸟

雷鸟又被称为岩雷鸟。在印第安神话中，雷鸟是可搅动雷电的神灵。雷鸟会随四季环境变化而改换毛色。

阿拉斯加大角羊

乌林鸮

麝牛

与猛犸象同时期的古老动物——麝牛，既是北美洲最大的陆生食草动物，也是唯一能在冻原上过冬的大型哺乳动物。其天敌是北极熊和北极狼。

北极燕鸥

北极燕鸥在北极繁殖后代，但会到南极洲越冬，平均飞行距离大约4万千米，是世界上迁徙距离最长的鸟类。

帝王蟹

王绒鸭

海洋天使

海洋天使是一种没壳的海生蜗牛，生活在350米深的北极海域，和扁豆差不多大小。

斑海豹

斑海豹是潜水高手，一般可潜入100~300米的深水处，每天潜水多达30~40次，每次持续20分钟以上。

北极黄金鸻

黄金鸻因为背部有金黄色斑点而得名，其迁徙的飞行距离在北极仅次于北极燕鸥。

灰鲸

狮鬃水母

狮鬃水母是世界上最大的水母，伞形躯体可达2米，重量为200~400克，触手最多有150条。它含致命毒液，能致人死亡。

海象

鳕鱼

欧绒鸭

伶鼬

长尾贼鸥

长尾贼鸥繁殖于北极海洋的岛屿和苔原地带，冬天会迁徙到南方海域。单独或成对出行。

渡鸦

渡鸦体型比乌鸦大，双翼展开超过1米。

北极兔

北极兔体型和狐狸差不多大，头比一般兔子大且长。

雪鸮

雪鸮是一种大型猫头鹰，白天活动时间较夜晚长。雄性体型比雌性的小。雪鸮巨大的爪子上有羽毛，以此抵御寒冷。它们终年生活在北极地区。

北极霸主：北极熊

一提到北极，人们首先想到的便是北极熊。不错，拥有巨大体型、强壮身躯、好斗性格和极强适应力的北极熊是当之无愧的北极霸主。北极熊是北极地区最大的食肉动物，处于食物链的顶端，海里的白鲸，岸上的海豹、海象，都是它捕食的对象。

鼻

北极熊的嗅觉相当灵敏，在几千米之外就能准确地判断猎物的位置。

北极熊擅长采取守株待兔的方式捕捉猎物，它会守在斑海豹的换气口，等斑海豹出现时便迅速将其拖出水面。

熊掌

北极熊熊掌宽大如桨，借此可避免陷入雪中。脚掌底部的毛用以隔离冰面。北极熊善于游泳和潜水，能在水中追逐猎物。

成年熊掌和成人手掌对比

洞穴养育

北极熊妈妈在怀孕 7~8 个月后会在自己挖的洞穴中生产。在生产后的几个月里，北极熊妈妈都无法进食，但这并不影响它为北极熊宝宝提供充足的母乳。

北极熊是独居动物，北极熊宝宝由北极熊妈妈独自抚养长大。待北极熊宝宝能独立生存后，就会离开北极熊妈妈。

地理趣闻

北极熊防寒妙招

北极那么冷，为什么北极熊不怕冷呢？经过科学家多年的研究，终于揭开了北极熊的防寒妙招：

1. 皮下有厚厚的脂肪层。

2. 体表的白毛为中空结构，可以吸收太阳能来取暖。

3. 体表白毛下的皮肤为黑色，可以最大限度利用太阳能。

4. 体毛很长且被一层油脂覆盖，不会被冰冷的海水浸湿。

5. 脚掌上长有厚厚的毛，既防滑又保温。

6. 大量进食含有丰富脂肪的猎物。

7. 当北极进入极夜时，也就是北极最冷时，它就开始冬眠了。

伪装高手：北极兔

　　北极兔是比北极旅鼠稍大一点的食草动物，体型和它的天敌北极狐差不多，比家兔更大，耳朵较小，腿长，四肢非常灵活。北极兔在遇到危险的时候会站起来，像袋鼠那样用两条后腿快速跳跃，奔跑起来的样子像山羊。它以苔藓、树根等为食。

鼻子

　　北极兔依靠鼻子来辨别身边是否有危险。它们也会留下特殊的嗅觉记号，以供同伴辨认。

耳朵

　　北极兔的耳朵虽然较小，但听力却非常灵敏。耳朵是北极兔重要的交流工具，它们可以根据耳朵不同的部位与姿势，向同伴传递不同的信息。

被毛

　　北极兔的被毛相当浓密，分为两层，下层的毛短而密，可以保温；上层的毛长而蓬松。它们的毛像防护罩一样，防寒保暖且耐脏。

脚掌

　　北极兔的脚掌宽且有厚毛，既能适应冰冷的雪地，也方便在雪地上奔跑跳跃。

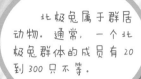

北极兔属于群居动物。通常，一个北极兔群体的成员有20到300只不等。

兔界的大长腿

北极兔缩成一团时就像毛球一样圆滚滚的，但只要一奔跑或站起来，就会露出它美丽的大长腿。

夏季的北极兔

伪装高手

为了有效隐蔽和伪装，北极兔每年会换两次毛。夏季换成褐色或咖啡色的皮毛，与岩石和灌丛的颜色相近；冬季则浑身雪白，融入到冰天雪地的背景中。

冬夏变装的动物们

伶鼬

夏季时，伶鼬的背部为褐色或咖啡色，冬季时被毛全为白色。伶鼬是一种又萌又凶的小型食肉动物，能捕食和自己差不多大的老鼠和鸟，以及比自己大好几倍的野兔。

北极狐

在夏季，北极狐的体毛为灰黑色的，腹面颜色较浅；而一到冬天，全身除了鼻尖为黑色的外，其余的毛均呈白色，和周围的环境浑然一体。

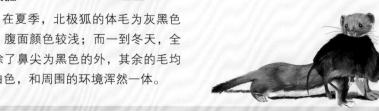

海中大象：海象

　　海象，顾名思义，即海中大象。它身体庞大，皮厚而多皱，有稀疏的刚毛，眼睛小，视力较差，但嗅觉与听觉却很敏锐。海象主要生活在北极海域，虎鲸和北极熊是它的天敌。

为什么海象能长时间待在水里

　　海象是群居动物，每个群体有几十只、数百只到成千上万只不等。它们一生有三分之二的时间都是在海中度过，交配、生产、哺育、觅食，甚至在水中睡觉。因为海象的颈部两侧有一对气囊，使头部能够浮在水面上以便呼吸。除此之外，它们在陆地上的大部分时间都是在睡觉或休息中度过的。所以，人们常看到海滩边一大片的海象挤在一起晒太阳。

海象的长牙能做什么

　　海象不分雌雄都长着两枚长长的上犬齿，终生都在不停地生长。它的长牙有什么作用呢？

　　1. 长牙能作为冰镐帮助海象从海里爬上冰面。

　　2. 长牙可以凿开厚厚的冰层，扩大出气孔。

　　3. 长牙是权力的象征，一个群体中谁的牙最长最粗，它就是这个群体的首领。

　　4. 长牙还是争夺领地及交配对象的武器。

潜水能手

海象是潜水能手，一般可潜游20分钟，潜水的深度可达500米。不过，它们更多时候是在浅水区活动。海象若下潜到阳光不足的地方，会依靠声音来确定同类的位置。

前鳍脚

海象四肢因适应水中生活已退化成鳍状，又称鳍脚，前肢较长，约占体长的四分之一。在水下，海象用前鳍脚掌控方向，同时还会用前鳍脚挖出海底食物。

后鳍脚

海象的后鳍脚能向前方折曲，可以在陆地或冰面上爬行或支撑身体。而在水下，海象可借后鳍脚向前快速游动。

海象正在进食蛤蜊

触须

海象无论雌雄都长有半透明触须，一般有400到700根触须。这些触须连接着面部敏锐的皮下神经，就像雷达一样，能定位海底食物的位置。

21

海中金丝雀：白鲸

　　白鲸属一角鲸科，额头向外隆起且圆滑，喙很短，唇线宽阔，身体颜色为白色。白鲸与其他鲸类相比，唯一明显不同的是：夏季皮肤稍带淡黄色的色调，但蜕皮后即消失。白鲸主要分布于北冰洋及附近海域，绝大多数生活在欧洲、美国阿拉斯加和加拿大以北的海域。它们具有高度群居性，少则几十头，多则几千头。

"口技"达人

　　白鲸是所有鲸类中最优秀的"口技"达人，它们能发出几百种声音，就像在不停地"歌唱"。实际上，这只是白鲸在自娱自乐，或者与同伴交流而已。

额隆

　　额隆是白鲸用于回声定位的重要器官，对水中的声波有着聚集效果。额隆中填满了丰富的脂肪，被称为"充满油脂的气球"。白鲸的额隆在发声时会自由改变形状，因此，白鲸具有敏锐的回声定位能力。

喷气孔

气囊

灵活的颈部

　　白鲸的颈部能够较大幅度地转头或点头，非常灵活。

牙齿

　　白鲸的牙齿较小且不锋利，它们褶皱的嘴唇在觅食时可产生吸力把猎物吸入口中，所以它们的食物不能太大。

下颌骨

白鲸是怎么"唱歌"的？

　　白鲸没有声带，但它能发出美妙的"歌声"，全仰仗其赖以呼气的气孔。这个气孔位于其头部，相当于我们人类的鼻腔。当气孔在白鲸的控制下进行不同方式的收缩时，气孔周边的空气会发生不同程度的振动，声音便随之产生了。

地理趣闻

"口技"达人的趣闻轶事

2012 年，美国圣地亚哥市国家海洋哺乳动物基金会饲养了一头白鲸，几年时间中一直模仿人类说话，不停地发出"人语声"，甚至还屡次对下水的潜水员喊"出去"，让毫不知情的潜水员误以为是同事在跟他说话。最后一调查才发现，这"人语声"来自一头叫"诺克"的白鲸。

白鲸宝宝

白鲸皮肤粗糙，初生时的体色为暗灰色，随着年龄的增长体色会逐渐转变成灰、淡灰及带有蓝色调的白色，长到5~10 岁时体色会完全变成白色。

成年的白鲸在夏季发情时皮肤会略微有些发黄，但是发情期一过就会褪去这层黄色。

背脊

白鲸没有背鳍，但是有一条狭窄的背脊。这样可以减少热量损失，也方便游泳，隆起的背脊也可被用来打破较薄的冰层。

一角鲸

一角鲸同白鲸一样属于一角鲸科，都没有背鳍。除了一角鲸长长的牙格外突出，在外形上，较白的一角鲸和白鲸很容易被混淆。一角鲸的长牙到底是武器、权力的象征还是感应器官，现在仍未有定论。

卖萌高手:北极海鹦

北极海鹦身形颜色似企鹅,却比企鹅的本领大,会飞翔;有着鹦鹉一般醒目的喙,会潜水。小小的眼睛周围有一个三角形色块,犹如画了烟熏妆,看起来非常呆萌可爱。北极海鹦主要分布在北太平洋、北大西洋、北冰洋及沿海地区,它是冰岛的国鸟。如此可爱的海鸟,喜欢组团在海洋上长时间飞行,只有在繁殖期才回到陆地。

会飞鸟类中的潜水高手

北极海鹦可以下潜到近 50 米深的海域追捕猎物,它带蹼的脚像船舵一样在水中迅速转向。

悬崖上的精灵

北极海鹦的巢穴一般筑在海边悬崖峭壁上的石缝沟中或洞穴里。巢穴主要是繁殖期用来抚养后代及休息的。

一年只产一枚蛋

尽管北极海鹦的环境适应能力比较强,但繁殖率过低。每年 4 月到 8 月间是北极海鹦的繁殖期,它们会选择以往的伴侣和巢穴进行繁殖。成熟的雌性北极海鹦一年只产一枚蛋,而且孵化期长达 42 天,此后还要再哺育幼鸟一个半月左右的时间。

红喙的秘密

北极海鹦的标志性红嘴并不是一直这样的，这样的红嘴一般出现在北极海鹦的繁殖期，随着年龄的增长，它们的喙也会越来越宽。一般3岁以后喙就不再生长了。

北极海鹦将鱼带回去哺育幼鸟，中途有时会被贼鸥"拦路打劫"。

上颚倒刺

叼鱼能手

北极海鹦不像其他鸟类把食物反刍给幼鸟，而是直接叼着活鱼回家。怎样防止贼鸥"拦路打劫"和最大限度地多叼鱼回家呢？

原来它们的上颚长有许多倒刺，舌头能够帮它们把鱼扣在嘴里的倒刺上，在继续抓鱼时不至于掉出来或者吞下去。一只北极海鹦一次最多能叼住62条小鱼呢！

南极生灵地图

南极的动物大多生活在沿海及附近海域。夏季的南极海域水温升高，海水中营养较丰富，浮游生物大量繁殖，为南极磷虾和其他海洋动物提供了丰富的养料。磷虾是鲸、企鹅等动物的食物之一，因此，这里的海洋生物资源比陆上的生物资源更丰富。

随着海冰消融，蓝鲸、座头鲸等穿越重重浮冰游回南极，准备找寻磷虾大快朵颐。企鹅在陆上没有天敌，但在海中不得不提防虎鲸和海豹。同时，海豹也要小心虎鲸的攻击。

印

漂泊信天翁

漂泊信天翁是现存翼展最长的鸟类，最长可达 3.5 米，持续飞翔时间超长。

大

帝企鹅

帝企鹅，又名皇帝企鹅，是现存企鹅家族中体型最大的，也是唯一一种在南极洲冬季进行繁殖的企鹅。

西

豹海豹

豹海豹体长 3~4 米，雌性比雄性大。在南极食物链中，它处于顶端，是最凶残的海豹。它的唯一天敌是虎鲸。

韦德尔氏海豹

韦德尔氏海豹是一种极古老的生物，有"活化石"之称。雌性略大于雄性，相较丁其他海豹更温顺，是深潜高手。

洋

座头鲸

帽带企鹅

帽带企鹅因脖子下方有一道黑色条纹，像警官的帽带一样，又名"警官企鹅"，也是企鹅家族中最大胆和最具侵略性的企鹅之一。

马可罗尼企鹅

巴布亚企鹅

巴布亚企鹅体型较大，眼角处有一个白色的三角形。

王企鹅

王企鹅外形与帝企鹅相似，比帝企鹅体型小，长相很"绅士"，是南极企鹅中姿势最优雅、性情最温顺、外貌最漂亮的一种。

跳岩企鹅

跳岩企鹅脾气暴躁且凶悍，经常迅速攻击对它们有威胁的任何人或动物。

南极鳕鱼

度

洋

南极贼鸥

南极贼鸥是一种凶悍的稀有鸟类，生性懒惰，从不自己筑巢，而是抢占其他鸟的巢穴。它是企鹅的天敌，在企鹅繁殖期经常偷企鹅蛋和袭击小企鹅，被称为"空中盗贼"。

雪鹱

雪鹱全身通白，只有眼睛和嘴是黑色的。它和鸽子差不多大小，同企鹅一样都是南极的"原住民"，到了冬天也不会迁徙，主食是磷虾。

海角鹱

太

海豚

平

南极冰鱼

南极冰鱼血液中含有一种叫作糖蛋白的特殊物质。它扰乱血液中的分子，阻止它们结合在一起并冻结成冰。冰鱼没有鳞片，且体内几乎不含血红蛋白而通体透明。

大贼鸥

锯齿海豹

锯齿海豹是世界上数量最多的海豹。它嘴里的牙齿尖细如锯齿，所以被称为锯齿海豹。主要以磷虾为食，天敌是虎鲸。

洋

阿德利企鹅

阿德利企鹅具有攻击性，善于游泳和潜水，主要以甲壳类、乌贼和鱼类为食，是南极地区常见的企鹅。

虎鲸

虎鲸，又名逆戟鲸或杀人鲸。它是食肉动物，牙齿锋利，性情凶猛，善于进攻猎物。

齿鱼

南象海豹

小鰛鲸

蓝鲸

蓝鲸是世界上最大的动物，体长可达 33 米，重可达 200 吨，相当于 35 头大象的重量。它一张嘴，能吞下数以千计的磷虾。据统计，蓝鲸每天要吃下 4000 万只磷虾，好在磷虾数量众多。

南极磷虾

南极的主人：企鹅

身披黑白分明的"礼服"，走起路来笨拙可爱，虽然是鸟类却不能飞翔。你知道这是哪种动物吗？没错，这就是南极的主人——企鹅。

地理趣闻

勤劳的企鹅爸爸

帝企鹅是唯一一种在南极洲冬季进行繁殖的企鹅。在寒冷的冬天，企鹅妈妈在冰天雪地中产下企鹅蛋后便外出觅食了。孵蛋的重任就落到了企鹅爸爸身上，企鹅爸爸双脚并拢，用嘴将蛋推到脚背上，再用腹部厚厚的脂肪将蛋盖住。就这样，企鹅爸爸不吃不喝，站立两个月，等待小企鹅破壳而出。

想一想

南极有多少种企鹅

全世界有十七八种企鹅。在南极生活的企鹅有 7 种，分别是：①帝企鹅、②王企鹅、③ 巴布亚企鹅、④阿德利企鹅、⑤帽带企鹅、⑥马可罗尼企鹅、⑦跳岩企鹅。

企鹅除了体型大小的区别，外形区别主要集中在头部。

企鹅有多高？

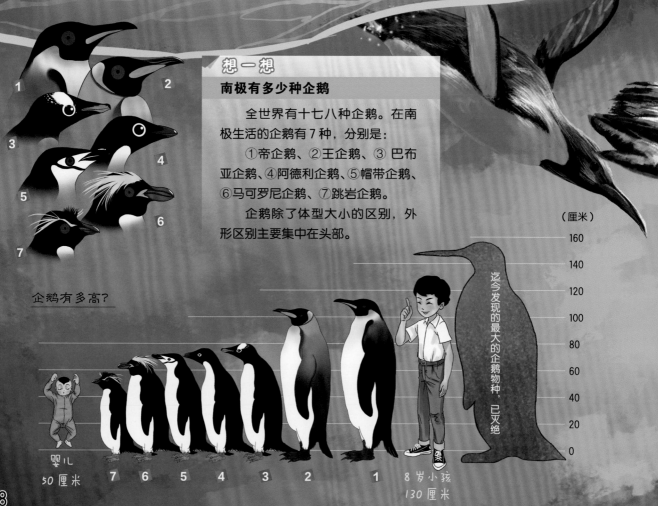

（厘米）
160
140
120
100
80
60
40
20
0

迄今发现的最大的企鹅物种，已灭绝

婴儿
50厘米

7 6 5 4 3 2 1

8岁小孩
130厘米

潜游高手

企鹅的纺锤形身体在水中阻力小，鳍状的翅膀如船桨一般，能帮助企鹅快速游动。其中，帝企鹅的游泳速度为每小时 6~9 千米，爆发速度可达每小时 19 千米。同时，帝企鹅在水下还能潜到 150~250 米的深处。

想一想

企鹅的"燕尾服"和"白衬衫"有什么作用

最大的作用就是用于伪装。黑色的"燕尾服"让它在昏暗的水里游动的时候，从水面看去不突出，而白色的"衬衫"让它从水下看上去与明亮的水面相差不大。

羽毛

企鹅皮肤上的绒毛，可以防止身体的热量流失，如"保暖衣"一般；而外层的羽毛短且硬，覆盖在上面，防止外界冷空气的进入。企鹅会定期护理羽毛，为其涂上油脂，就成了不吸水的"潜水服"。为了迎接南极寒冷的冬天，成年企鹅每年会定期换羽毛，而且它们的羽毛一直保持同样的长度，不像人类的头发会长得很长。

尖喙

企鹅的喙内，上部为钩状，对应下部的凹槽，这样猎物就不容易掉落。同时，企鹅也会用喙来清洁身体。

翅膀

企鹅的鳍状翅膀不能让它在天空中翱翔，却能让它在水中"飞行"。企鹅的翅膀小而细，所以在水中阻力很小，如船桨一样快速划动，可以推动身体前进。

最凶猛的海豹：豹海豹

豹海豹的身体上不仅有豹一样的斑点，而且性情也像豹，是海豹中最凶残的一种，也是南极的顶级掠食者，虎鲸是它唯一的天敌。豹海豹是唯一能捕食温血动物的海豹物种，一些豹海豹以企鹅为食，还有一些会捕猎海豹幼崽。豹海豹生活在围绕南极洲的海洋或冰面及岛屿上。冬季时，它们会向北前往新西兰东南部的亚南极群岛。豹海豹一般都是独居的，只在交配的季节才聚集在一起。豹海豹的视觉和嗅觉高度发达，使得它们可以在水中快速地游动，以追逐猎物或避开其他猎食者。

名字由来

豹海豹身形细长，头部轮廓像蛇一样，体表腹侧布有深色斑点。这些深色斑点看起来有点像豹纹，故得此名。

南极的海豹们

南极大陆及其周边海域生活着的海豹，除了豹海豹，还有其他四种海豹：数量最多的锯齿海豹、可爱温顺的韦德尔氏海豹、丑萌的象海豹和罕见的罗斯海豹。

罗斯海豹

罗斯海豹因有一双大眼睛，又名大眼海豹。从正面看，几乎看不到它的脖子，所以说海豹中"胖得看不见脖子"指的就是它。罗斯海豹是南极海豹中数量最少的一种。

锯齿海豹

锯齿海豹，又名食蟹海豹，喜群居，在冰上活动灵巧而迅速，是南极特有的动物。

象海豹

象海豹是世界上最大的海豹，分为北象海豹和南象海豹。其名字的由来，除了拥有巨大的体型，还由于它们短短的象鼻，它们的鼻子能发出很响的声音。

韦德尔氏海豹

韦德尔氏海豹是南极比较常见的海豹，还是潜水高手，可以潜入600多米深的海中。

硕大的头骨

豹海豹的颌骨很松，有时可张升大于160°来咬较大的猎物。它们的头骨越大，嘴就能张开越大。当它们张大嘴时，看起来很恐怖。

顶级掠食者

豹海豹和其他海豹一样，它的前肢无法支撑其身体直立行走，所以，在岸上不能像海狗一样行动敏捷。豹海豹在岸上看着很呆萌，但一到海中就彰显出如豹般的速度和凶猛。即使企鹅这般的游泳高手，仍逃不脱豹海豹的追捕。

三尖臼齿

臼齿形状奇特，有三个显著的结节，用来互扣筛出南极磷虾，犬齿长而锋利。

地理小科普

海豹？海狮？傻傻分不清

1. 海豹身上有斑点，海狮身上没有斑点。

2. 海豹是贴着地面慢慢向前蠕动；海狮可以抬起上半身，肚子脱离地面。

向上

3. 海豹几乎没有脖子，海狮的脖子较长。

4. 海豹的爪子像猫爪，毛茸茸的，还有小钩；海狮的爪子像鱼鳍一样光滑。

5. 海豹只有耳洞，外表看不出来耳朵形状；海狮有耳朵，也就是外耳。

6. 海狮可以顶球表演，海豹不能，海洋馆中顶球表演的可是海狮哦！

7. 游泳姿势不一样，海豹是在水中匍匐前进，海狮则是优美地抬起上半身游泳。

海中巨无霸：蓝鲸

蓝鲸是已知的地球上体型最大的动物。从南极到北极的各个海域中都有蓝鲸的身影，不过在南极附近海域中数量较多，而且比北方的蓝鲸体型更大。蓝鲸平均长度约 25 米，有记录的最长约 33 米，重可达 200 吨。蓝鲸在两极地区度过夏天，冬天洄游到赤道地区繁殖。

这颗蓝鲸的心脏和小汽车一般大，血管粗得足以装下一个小孩。

喷气孔

蓝鲸靠肺来呼吸。每当换气时，蓝鲸就浮出水面，用头顶上特有的喷气孔喷出体内的废气，当废气接触到外面的冷空气时，就形成了我们看到的水雾状现象。但是请注意，这种气体是有毒的！

鲸须板

蓝鲸每天的大部分时间都张大嘴游弋于分布有稠密浮游生物的海洋中，上颚的两排鲸须板像筛子一样，能过滤掉海水，留下食物。

从下颌到腹部的褶皱，在蓝鲸捕食时会扩大，将海水和浮游生物一起吞下，然后嘴巴一闭，褶皱收缩回去，海水从鲸须板中被排出，滤下小虾小鱼，吞而食之。

蓝鲸有天敌吗

身形巨大的蓝鲸有两个天敌。一是来自自然界的威胁——虎鲸，聪明的虎鲸常以群体出动攻击蓝鲸幼崽，而要想杀死成年蓝鲸却绝非易事。另一个威胁蓝鲸生存的就是人类，直到现在，也有人不顾世界反对偷偷捕杀蓝鲸。

尾鳍

蓝鲸是哺乳动物，不是鱼类，要经常浮上水面呼吸，所以，它的尾鳍是横向的，利于上浮下潜。

蓝鲸宝宝

蓝鲸在冬季繁殖，一般每2年生育一次。蓝鲸宝宝要在蓝鲸妈妈的肚子里睡 10~12 个月。蓝鲸宝宝刚出生时体长就有 6~7 米，重约 2.5~6 吨。

蓝鲸的食物

南极磷虾

南极磷虾体长 45~60 毫米，体重约 2 克，身体透明，有红褐色斑点。因身体能发出冷蓝色的磷光，因此被称为磷虾。

巨无霸成长记

蓝鲸是怎样进化成世界上最大的动物的呢？科学家分析，这是自然界的规律，体型巨大可以获得更多的权利。另外，与蓝鲸生活在水里有关，在水中，身体承受的压力比在陆地上要小得多。

海上霸王：虎鲸

虎鲸是一种大型齿鲸，也是海豚科中体型最大的，雄性平均体长为 8 米。它们是企鹅、海豹等动物的天敌，有时还袭击其他鲸类甚至大白鲨，可称得上是海上霸王。

虎鲸是一种高度社会化的动物，并且以雌性虎鲸作为族群的族长。族群的不同，产生了不同的文化和社会行为，以及捕猎技巧和食物偏好。虎鲸被认为是"语言大师"，能发出几十种不重复且含义不同的声音。

背鳍

虎鲸游动时，背鳍经常突出水面，像古代的武器戟倒竖于海上，所以又被称为"逆戟鲸"。成年的雄性虎鲸的背鳍是直立的，而雌性的背鳍则呈镰刀形。它们的背鳍主要用来保持平衡。

一些虎鲸身上的黄棕色来自南极海域的硅藻。

追击大白鲨

在虎鲸跟大白鲨的博斗过程中，虎鲸会在大白鲨游泳的区域迅速制造出一个大型的漩涡。在这样的漩涡里，大白鲨会感觉头晕目眩，虎鲸看准时机，专门攻击其头部，瞬间夺命。

额隆

　　虎鲸头部的前额有一团叫作额隆的瓜状脂肪团，能发出不同频率、错综复杂的声波进行回声定位或与群体中的同伴进行交流。这样即使在伸手不见五指的浑浊水中，虎鲸也能准确地发现猎物。

虎鲸头的侧面、眼的后方左右各有一块卵形白斑，远看像眼。

地理小科普

南半球的虎鲸生态型

　　南极海域的虎鲸是一种高度社会化的动物，它们有些专吃海豹、海狗，有些专杀须鲸，还有些只吃鱼类。按照栖息环境和习性等可以分为不同的生态型：

　　南极 A 型虎鲸体型大，在南极比较偏爱捕小须鲸，最长可达 9.1 米。

　　南极 B 型虎鲸皮肤上附着有硅藻，肤色偏黄，B1 型吃海兽，B2 型吃企鹅。

　　南极 C 型虎鲸为最小种群，无论雌雄，平均体长为 5 米多。

　　南极 D 型虎鲸的眼斑几乎完全消失，脑袋方方的。

南极 A 型虎鲸

南极 B1 型虎鲸

南极 B2 型虎鲸

南极 C 型虎鲸

南极 D 型虎鲸

※ 以上皆为雄性

地球最北端的居民

　　因纽特人算是生活在地球最北端的居民了。据说，因纽特人的祖先如此大规模地远距离迁徙，是为了追踪猎物——麝牛和驯鹿。当时的白令海峡还未被海水淹没，是连接西伯利亚和阿拉斯加的大陆桥，因纽特人通过这座大陆桥先来到美洲，但遭到了美洲印第安人的围堵和杀戮，随后他们不得不退至荒凉而贫瘠的北极圈以北的地区。

连指手套

　　这种手套的拇指和其他四指分开，既保暖又方便活动。

带帽子的防风上衣

　　因纽特人利用热空气不会向下散逸的原理，其传统服饰一般将脖子处系紧，而下摆处敞开。

传统护目镜

　　因纽特人的雪镜大概是人类历史上最早的"太阳镜"之一了。为了减少进光量和眼睛的暴露范围，因纽特猎人把海象牙做成了这种中间开了一道缝的有趣装备。

皮靴

　　因纽特人的皮靴通常用驯鹿皮、海豹皮、鱼皮等多种材质制作而成。靴子上可能会用珠子做装饰，也可能会用兔子、狐狸等动物的皮毛镶边。

冰屋

因纽特人外出狩猎会就地取材，用雪块搭建临时冰屋作为休息之所。这种冰屋采用螺旋上升的方式，层层叠加，盖好后用雪堆在冰屋外层。

冰屋保暖原理

根据热气上升，冷气下降的原理，"L"形通道使冷空气不能直接进入屋内，又由于通道较低，暖空气向上聚集，使热量不易散失。

衣食之源——驯鹿

驯鹿对于因纽特人来说具有非常重要的意义。因纽特人食其肉，穿其皮，出行也靠驯鹿拉雪橇。

传统的狩猎活动

因纽特人以捕鱼和打猎为生。他们主要的捕猎对象为海豹、海象、鲸、驯鹿等，有时也捕捉北极熊。

生活在北极地区的因纽特人，穿以动物皮缝制而成的衣服，有吃生肉的习惯，主要是因为这里缺少蔬菜，人体所需要的维生素得不到供给，吃生肉能最大限度地获取食物中的维生素。

北极探险

由于北极地区气候严寒，到处都是冰天雪地，因此直到19世纪末，才有人驾船穿越北极。所以，第一次驾船前往北极探险的挪威探险家南森和他驾驶的"弗拉姆号"探险船注定载入人类史册。

"弗拉姆号"航行路线

"弗拉姆号"是南森设想制造的。这是一种能够在北冰洋海面上航行的船，能够顶住冰块的巨大压力和冲力，在冰上漂浮通过北极。

启程

1893年7月24日，南森带着由十几个船员和几十条狗组成的探险队，乘坐"弗拉姆号"离开了挪威。

漂泊

1893年9月25日，"弗拉姆号"被浮冰冻结。冰块把船体托起来，就这样平稳地漂泊着。

两人行

1895年3月14日，"弗拉姆号"沿着冰裂，漂浮到了离北极点只有几百千米的地方就被冰困住了。南森将船交给船长沃·斯维尔德洛普指挥，自己与约翰森二人带着狗、雪橇、两条皮船以及100天的食物，继续向北极点进发。

最先到达北极点的是谁

通常人们认为，美国海军军官皮里是最早到达北极点的人。皮里先后进行了两次北极考察。1909年3月1日，皮里组织了一支向极点冲刺的突击队。5架雪橇载着6位队员，由40条狗拉引着向北极前进，他们从哥伦比亚角出发，越过了240千米的冰原。历时1个多月，于1909年4月6日到达了北极点。

1909年9月1日，皮里在返回途中，一个叫库克的美国医生声称：他于1908年4月21日已经到达了北极点。

直至今日，仍然有人会有疑问：最先到达北极点的人到底是谁？

返程

1895年4月8日，南森到达了北纬86° 14′，离北极点只有360多千米。但前方难以逾越的障碍，让他们不得不返回。这时南森比之前所有的北极探险家走得更北，是深入北极心脏地区的第一人，用实践证明了北极中心是一片冰封的汪洋。

回家

1896年6月，他们在法兰士·约瑟夫地群岛南端遇到了英国探险家杰克逊。1896年8月13日，南森回到挪威。

十分幸运的是，"弗拉姆号"自南森离船后，随冰漂流，在南森回到挪威后几天也回到了挪威海岸。

争夺南极点

1911 年 10 月 20 日，挪威探险家阿蒙森驾驶着借来的"弗拉姆号"，带领 4 名队员，分乘 4 架由 52 条极地狗拉的雪橇，正式向南极进发了。

同年 11 月，由英国军官斯科特带领的探险队也踏上了南极探险之旅。两支探险队在冰天雪地的南极洲展开了一场争夺光荣与梦想的竞争。

阿蒙森营地

阿蒙森把营地建在了比斯科特营地距南极点近 100 千米的地方，加上队员中有滑雪专家和驱狗能手，这一系列因素决定了阿蒙森最终的胜利。

斯科特营地

斯科特的探险队准备了 17 匹小型马和两台摩托化的拖拉机，看似比阿蒙森的装备更先进，然而两台拖拉机雪橇在穿过罗斯陆缘冰时都坏了，加上选择了一条更加迂回曲折的路线，导致了他们最终的失败。

南极大陆禁狗

南极大陆是世界上唯一没有狗的地方。虽然在南极的探险和研究历史中，狗发挥了很重要的作用，但随着科技的进步，狗在南极的作用只能充当宠物了。同时，考虑到南极的生态环境，狗于 1994 年初开始全都被撤离出南极。

斯科特的悲剧

　　斯科特因为准备不足，在回程途中，斯科特一行5人于1912年3月25日前后全部遇难。

阿蒙森和队员们在南极点插下挪威国旗

阿蒙森的决断

　　阿蒙森前进的速度很快，在距离南极点还有550千米的路程时，阿蒙森下令把较为瘦弱的24条狗杀掉，用28条强壮的狗牵拉3架雪橇，带足60天的粮食，轻装上路。

科学考察

极地科学考察一直备受各个国家的重视，许多国家在极地都建立了科学考察站。我国在北极地区建立了黄河站，在南极地区有已建立的长城站、中山站、泰山站、昆仑站和正在建设的罗斯海新站。南极大陆是唯一没有人定居的大陆。不过，每到南极夏季会有近万名科学家在此考察研究，到了冬季这里一片黑暗，仅有一千多人留在各自的科考站。

中山站

中山站（常年站）是中国建立的第二个南极科学考察站，位于东南极大陆伊丽莎白公主地拉斯曼丘陵的维斯托登半岛上。中山站有南极洲最萌的油罐。该站于2019年首次探测到南极中间层顶区大气温度和三维风场，填补了极隙区中高层大气探测的空白。

休闲娱乐空间双层红色模块的高度是其他模块的两倍。

哈雷六号站

东方站

东方站（常年站）由苏联于 1957 年建成，现属俄罗斯。该站地处南极的冰点——南极最冷的地方，也是世界上最冷的地方，被称为"寒极"。1983 年曾在这里测得最低气温 −89.2℃。

昆仑站

昆仑站（夏季站）是中国第三个南极科考站，首个南极内陆科考站。其名称由来是因昆仑寓意高山，象征制高点。此处为南极内陆冰盖最高点冰穹 A——海拔 4000 多米，极度缺氧、寒冷，被称为"不可接近之地"。

哈雷六号站

哈雷六号站（常年站）由英国于 2012 年建成，是重要的大气和冰川观测点。为防止像它的"前辈"一样随冰川漂入大洋，该站由 8 个带滑橇的组件拼成，可以拆开来一个个拖走。

哈雷研究站最早建于 1956 年，该站于 1985 年最早发现了南极的臭氧空洞。

地理小科普
南极洲的科学考察站之最

南极洲有 50 多个常年科考站和 100 多个夏季站，分别由 30 多个国家所建。

最早建立的是阿根廷奥尔卡达斯站，规模最大的是美国的麦克默多站，离南极点最近的是美国的阿蒙森—斯科特站和俄罗斯的东方站，规模最小的是捷克斯洛伐克站。

现代装备

在极地，科考队员的装备随着科学技术的进步悄然发生着变化，从以前的狗拉雪橇到现在的皮划艇、雪上摩托车、飞机等，交通工具越来越先进，科考活动的开展也更安全、高效。

雪上摩托车

雪上摩托车是能在雪上行驶的摩托车，一般能搭乘 1~2 人，有轮式和履带式。

雪上摩托车的出现使得科考出行更加方便快捷。

全地形车

极地全地形车可适应雪地、沙漠、山地、滩涂等多种地形，可满足科考活动中的物资人员运输、科学考察、应急救援等。

三角履带车

直升飞机

在南极，直升飞机是很好的交通工具，速度快。直升飞机除了能补给较轻的物资外，遇上天气好的时候，科考队员还可以搭乘直升机去其他交通工具无法到达的地方。

破冰船

破冰船，顾名思义，就是能破碎冰层前进的船。这是人们前往极地的最佳交通工具。

我国的"雪龙号"破冰船自服役以来已经完成了多次南极航行。2019年7月，我国第一艘自主建造的极地科学考察破冰船，"雪龙2号"正式交付使用。2019年11月20日，"雪龙2号"首次破冰航行作业，"雪龙兄弟"顺利抵达中山站附近海域。2022年4月26日，"雪龙号"胜利返回国内，标志着中国第38次南极科学考察圆满完成。

雪龍
XUE LONG

世界末日种子库

为了地球在遭受强烈自然灾害和人类灾难时，劫后余生的人类可以重新播种，人类在北极圈附近建造了"世界末日种子库"，旨在为全球植物种子保存"备份"。这里储存着上亿粒的植物种子，堪称"植物诺亚方舟"。

地理小科普

世界末日种子库小档案

全称：挪威斯瓦尔巴全球种子库

位置：距离北极点约 1000 千米的斯瓦尔巴群岛上

发起者：联合国粮农组织

修建目的：保存种子，保存希望

储存量：有 100 多万种来自世界各地的作物种子

温度：为了保证种子活性，种子库的地窖温度常年保持在 −18℃。在这样的温度条件下，小麦、豌豆等重要农作物种子可以持续保存长达 1000 年

安全性：远离人类纷争，安全性极高，可抵御地震和原子弹攻击

种子库所在地区经常有北极熊出没，这些北极熊算得上是种子库免费的"守卫员"。

斯瓦尔巴世界末日种子库位置图

想一想

为什么要保存相同作物的样本

多样性对于作物的安全十分重要。有多样作物的存在，未来可进行优势杂交。比如，一个品种的小麦需要比较少的水就可存活但低产，而另外一个品种的小麦可能需要很多的水但高产，根据不同的特性可以杂交在一起，形成高产、需水量很少的新型作物。

种子库结构示意图

种子库的入口

长 100 多米的隧道

种子库内温度常年保持
在 -20℃至 -18℃。

传感器监测拱顶温度、甲
烷和一氧化碳水平。

需要多个密钥的安全防盗门

控制室

制冷压缩机

种子的安全包装

大约 500 粒
种子被密封在防
水的铝箔袋里。

将铝箔袋放
入一个存储盒
内，该存储盒内
可放 400~500 袋
种子。

地下室有三个存储
房间。

种子库位于极地永冻土
层中，即使制冷系统出现故
障，种子库内的温度也能保
持在 0℃以下。

数以百计的存储
盒被记录后，按先后
顺序，储存在地下室
的金属架上。

种子库存放种子的地方就像一个图书馆。每个
种子样本都有特定的序号或编码，工作人员通过
这些字母或者数字能够方便地找到所需要的样本。

危机四伏的极地

　　全球变暖本身是一种自然现象，但是人类活动排放的温室气体却加剧了这种趋势。全球变暖导致极地冰雪融化，海平面上升，给地球上许多物种带来灭顶之灾。

海冰与北极熊

　　全球变暖使北极更加温暖，这意味着北冰洋的海冰在不断融化。北极熊的主食——海豹，需要在海冰上才能猎得。而没有海冰，北极熊就没有足够的食物，也就无法获得足够的能量生存下去。这也是北极熊夏眠的主要原因。

人类过度捕杀鲸等极地动物，将破坏极地生物多样性，从而破坏极地生态环境。

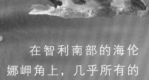

在智利南部的海伦娜岬角上，几乎所有的动物都是瞎子，羊都是患白内障的盲羊，猎人甚至可以轻易地拧住瞎了眼的野兔的耳朵回家享口福，河里捕到的鱼大多数也是盲鱼，眼睛瞎了的鸟类常常飞撞进居民家中……

北极苔原遭到破坏

自 1970 年以来，北极苔原的温度平均每 10 年升高 1℃。这会导致大量二氧化碳和甲烷从裸露在外并且逐渐解冻的土壤中释放出来，进而加剧大气变暖。

臭氧空洞

臭氧在地面到 70 千米的高空都有分布，它能有效减少太阳光中的紫外线，保护地球上的生物免受紫外线的伤害，被称为"生命的保护伞"。两极地区都出现了不同程度的臭氧空洞，尤其是南极。

1980 年　　　　2012 年

（注：蓝色区域为臭氧空洞）

◆ 臭氧空洞是什么？

空气污染致使大气臭氧层被破坏和减少的现象。

◆ 臭氧臭吗？

在常温下，臭氧是一种有特殊臭味的蓝色气体，但它会吸收紫外线，保护地球生物免受紫外线的伤害。

◆ 臭氧用来干什么？

净化食物、饮用水、空气，消毒杀菌，臭氧浴。

◆ 臭氧是"老好人"吗？

低浓度的臭氧可以杀菌，高浓度的臭氧就要命了，会引发各种疾病，如视力下降、皮肤癌、畸形儿等。

◆ 形成臭氧空洞的罪魁祸首是什么？

氟氯烃——空调、冰箱中制冷的工业物质。

◆ 臭氧空洞发生在哪个季节？

每年我们用空调、冰箱最多的夏秋季节，也就是南极最冷的时候，臭氧空洞范围最大。

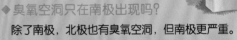

◆ 臭氧空洞只在南极出现吗？

除了南极，北极也有臭氧空洞，但南极更严重。

◆ 臭氧空洞的面积有多大？

2014 年的臭氧空洞面积相当于北美洲的土地面积。

◆ 臭氧空洞的危害有哪些？

削弱人类及动物的免疫力，增加传染病、皮肤癌、白内障的患病概率。

◆ 国际保护臭氧层日是哪天？

每年 9 月 16 日。

◆ 面对臭氧空洞，我们能做些什么？

爱护环境，人人有责。减少空调使用次数，合理使用冰箱等，保护臭氧层。

极地的**环境保护**

　　极地生态环境极其脆弱，一旦遭遇破坏，恢复需要一个漫长的过程，保护极地环境就是保护人类的家园——地球。

　　为了更好地保护极地环境，多个国家和地区针对北极生态环境签署了《北极熊保护公约》，针对南极生态环境签署了《南极海洋生物资源保护公约》。此外，还成立了各种保护组织以保护极地动物。

《南极条约》

为了保护南极地区生态环境，1959 年 12 月，澳大利亚、阿根廷等 12 个国家签订了《南极条约》，结束了南极地区的领土争夺。该条约规定南极地区永远仅用于和平目的，禁止在南极地区进行一切具有军事性质的活动及核爆炸和处理放射物，冻结目前领土所有权的主张。该条约有利于促进各国在南极地区进行科学考察的自由以及科学方面的国际合作。

中国在 1983 年正式加入了《南极条约》。

南极和北极独特的自然环境吸引着越来越多的人到两极旅游，从第一次极地旅游开始，每年去南北两极旅游的人数都在上升。我们有机会去极地旅游的话，为了南极和北极的生态环境，一定要遵从以下原则：

1. 保护南极和北极的野生动植物。
2. 尊重被保护区域。
3. 尊重科学考察。
4. 遵守所有有关安全的提示。
5. 不扔垃圾，不在岩石或建筑物上刻写文字。

每一个去极地的人都应该做到：除了脚印，什么都不要留下；除了回忆，什么都不要带走。

地理小科普

陨石仓库

陨石是人类获得的除月岩之外的唯一地球外岩石样品，堪称"天外珍宝"。地球上所发现的陨石，一半以上都出自南极，这里的陨石数量大，种类多，时间悠久，因此被称为"陨石仓库"。

为什么南极地区的陨石这么多呢？主要原因有以下几种观点：一是陨石一般掉落至几百米的深处，随着冰川运动，将陨石集中搬运至一处堆积起来，随后经过一系列的运动，陨石就堆积在冰川表面；二是陨石在冰层中比在其他环境中更容易保存；三是深色的陨石在白色的冰雪中很容易被人发现。

企鹅宝宝走丢了，请你帮助它回到爸爸妈妈身边吧！注意，千万别撞见海豹哦！

起点

52